BEI GRIN MACHT SICH IHR WISSEN BEZAHLT

- Wir veröffentlichen Ihre Hausarbeit,
  Bachelor- und Masterarbeit

- Ihr eigenes eBook und Buch -
  weltweit in allen wichtigen Shops

- Verdienen Sie an jedem Verkauf

Jetzt bei www.GRIN.com hochladen
und kostenlos publizieren

Bibliografische Information der Deutschen Nationalbibliothek:

Die Deutsche Bibliothek verzeichnet diese Publikation in der Deutschen National-
bibliografie; detaillierte bibliografische Daten sind im Internet über http://dnb.d-
nb.de/ abrufbar.

Impressum:

Copyright © 2009 GRIN Verlag, Open Publishing GmbH
Druck und Bindung: Books on Demand GmbH, Norderstedt Germany
ISBN: 9783640524112

Dieses Buch bei GRIN:

http://www.grin.com/de/e-book/142240/die-insel-neuwerk

Elisabeth Junge, Simon Trapp

Die Insel Neuwerk

Hamburgs Vorposten im Wattenmeer

GRIN Verlag

Ludwig-Maximilians-Universität

Department für Geo- und Umweltwissenschaften

SS 2009

Seminar: Exkursionsdidaktik am Raumbeispiel Nordsee

Die Insel Neuwerk

Hamburgs Vorposten im Wattenmeer

vorgelegt von: Simon Trapp / Elisabeth Junge

Studiengang: LA vertieft, Chemie / Geographie; Deutsch / Geographie

Fachsemester: 6

vorgelegt am: 15.06.2009

Gliederung

Abbildungsverzeichnis

Bilderverzeichnis:

1 Die Insel Neuwerk

Die vorliegende Arbeit beschäftigt sich ausführlich mit verschiedenen Aspekten der Insel Neuwerk, da am vierten Tag der sechstägigen Exkursion nach Norddeutschland eine Wattwanderung zu dieser Insel geplant ist. Während dieser Fußexkursion, die nach einem Inselrundgang mit der Rückfahrt per Schiff nach Cuxhaven enden soll, werden Teile des Nationalparks *Hamburgisches Wattenmeer* und die Salzwiesen erkundet.

Bild 1: Die Insel Neuwerk vor Cuxhaven. http://www.epochtimes.de/articles/2008/01/15/224424.html

Die Arbeit beschäftigt sich zum Teil ausführlicher mit verschiedenen Aspekten der Insel, die gut in eine Unterrichtssequenz für die Oberstufe des Gymnasiums im Geographieunterricht eingearbeitet werden kann. Hierzu gehören neben den geomorphologischen auch anthropogeographische Aspekte, wie zum Beispiel Tourismus- oder Besiedelungsgeographie.

Nach dieser Einheit soll genauer auf nur im Bereich des Wattenmeers auftretende Besonderheiten eingegangen werden, die Flora und Fauna betreffen. Bei der genaueren Betrachtung des Phänomens der Salzwiesen und Dünen werden auch typische Tiere wie Seehunde oder charakteristische Pflanzen nicht vergessen, deren Bedeutung für den Nordseeraum, speziell um die Insel Neuwerk betrachtet werden soll.

1.1 Lage und Gegebenheiten der Insel

Die Insel Neuwerk ist eine natürlich gewachsene Insel im Wattenmeer und umfasst eine Fläche von ca. 3km². Sie wird von Deichen gegen die vor allem im Winter auftretenden Sturmfluten geschützt (http://www.inselneuwerk.de/insel_neuwerk.htm).

Obwohl Neuwerk zwischen Scharhörn und Cuxhaven (MAIER 1994, 105) und somit ca. 120km westlich der Hansestadt Hamburg vor der Elbmündung im Wattenmeer liegt, gehört sie seit dem 01. Oktober 1969 nach langwierigen Diskussionen zwischen dem Land Niedersachsen und der Hansestadt wieder zu Hamburg (http://www.husachterndiek.de/index_1.html).

„Neuwerk ist die einzige bewohnte und bewirtschaftete Insel" vor dem Wurster Watt, in dem sich keine Inselketten aufgrund des Einflusses der Ströme Weser und Elbe entwickeln konnten. Somit kann bei dem offenen und ungeschützten Watt rund um Neuwerk von einem Ästuareinfluss[1] gesprochen werden. Die Insel Neuwerk besitzt im Wurster Watt zudem die größte Lagestabilität, da eine massive Uferschutzbefestigung seit dem 16. Jahrhundert die starken Kräfte der hydrodynamischen Prozesse abhält (FALKUS-SEELIG 1988, 12f.).

Ein Drittel der Fläche von Neuwerk ist eingedeicht und im Norden und Osten schließt sich jeweils ein Vorland an, welches von den Wasser- und Wattvögeln als Brut- und Rastgebiet genutzt wird. Das Nordvorland wird extensiv beweidet[2] und bietet somit freie Brutflächen für tausende Austernfischer und Lachmöwen (http://www.jordsand.de/neuwerk/index.htm).

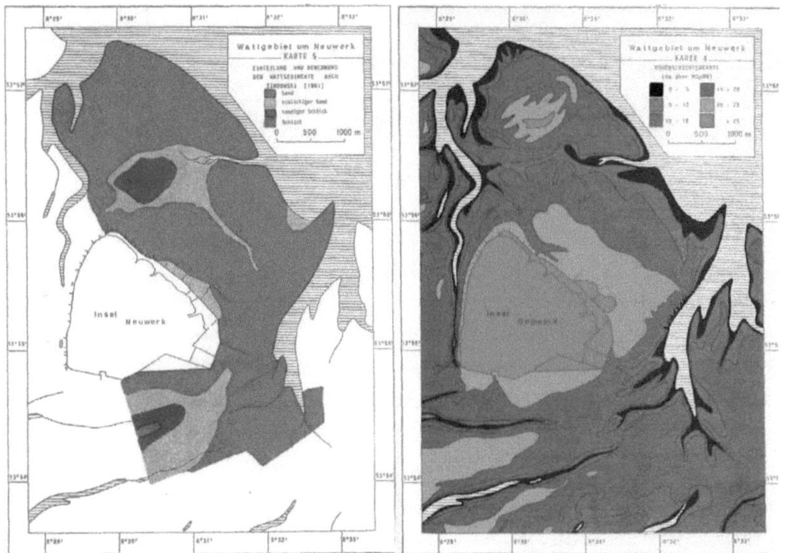

Abb 1.: Einteilung und Benennung der Wattsedimente nach SINDOWSKI (1961). FALKUS-SEELIG 1988, 19

Abb 2: Höhenschichtenkarte (dm über MSpNW). FALKUS-SEELIG 1988, 15

---

1 trichterförmig erweiterte Flussmündung ins Meer; Bildung abhängig von der Stärke des Gezeitenstroms und der Materialfracht des Flusses (LESER 2005, 56).

2 landwirtschaftliche Betriebsform; beruht auf der Grundlage einer weniger aufwändigen Viehhaltung (LESER 2005, 210)

Priele und Wattströme gliedern nach Nordosten und Südwesten das Neuwerker Watt. Da das Watt in der Mitte relativ hoch ist, führt bei Niedrigwasser ein Weg von Duhnen/Sahlenburg nach Neuwerk. Nicht allzu weit von Neuwerk entfernt finden sich die beiden Inseln Scharnhörn und Niegehörn. Die drei Inseln gehören zum Nationalpark Hamburgisches Wattenmeer, welcher 1990 eingedeicht wurde und Platz für viele bedrohte Tierarten, vor allem für Seevögel, bietet (http://www.schullandheim-meereswoge.de/geschichte-N. html).

Bild 2: Austernfischer. http://www.staff.uni-oldenburg.de/ulrich.kattmann/32227.html

1.2 Entstehung

Über die Entstehung Neuwerks ist nichts Genaueres bekannt. Diese Insel gehört nicht zur Inselbarriere des Wattenmeers und es gibt auch keine Anhaltspunkte dafür, dass sie ein Erosionsrest eines Marschgebietes[3] ist, welches früher bis zum Festland gereicht hat. Durch Bohrungen auf der Insel konnte gezeigt werden, dass in diesem Bereich eine nur wenige Dezimeter dicke Marschdecke auf den Wattsanden vorhanden ist.

Nach der Eindeichung zwischen 1556 und 1559 veränderte sich die Größe des Polders[4] nicht. Allerdings lässt sich auf Karten aus dem 18. und 19. Jahrhundert deutlich erkennen, dass die Insel im Nordteil von einem Dünengürtel umgeben wurde, der jetzt unter Bauwerken zum Küstenschutz verschwunden ist (http://www.hamburg.de/geotope/145094/ neuwerk-start.html).

---

3   geomorphologisch-pedologischer Landschaftstyp; Entstehung im Bereich von Gezeitenküsten und gezeitenbeeinflussten Flussmündungen; Typ der Kulturlandschaft an der Nordseeküste (LESER 2005, 540).
4   eingedeichtes, dem Meer abgerungenes Marschland; Entstehung durch Landgewinnung; bei Hochwasser ständig unter dem Meeres-, See- oder Flusswasserspiegel liegend (LESER 2005, 691).

1.3 Geschichte

Um 900 erscheint Neuwerk als „Nige Ooge" das erste Mal in alten Akten. Allerdings wird sie später nur mit dem Buchstaben „O" bezeichnet, der im friesischen als Bezeichnung für eine Insel dient (http://www.husachterndiek.de/index_1.html). 1286 wurde die Insel das erste Mal wirklich urkundlich erwähnt (http://www.hamburg.de/geotope/145094/neuwerk-start.html), wobei sie zu dieser Zeit noch unbewohnt war (MAIER 1994, 105). Entdeckt haben die Insel, die damals noch eine Hallig[5] war, wahrscheinlich Fischer, die in der Fischfangzeit von Frühjahr bis Herbst überall im Wattenmeer unterwegs waren (http://www.inselneuwerk.de/geschichte_neuwerk.htm). Die Elbmündung, in der auch die Insel Neuwerk liegt, war während des Mittelalters nicht nur wegen der Untiefen sondern auch wegen der unzähligen Seeräuber sehr gefährlich. Deswegen brachten die Hamburger Neuwerk 1276 in ihren Besitz. Ab 1301 errichteten sie dort einen imposanten Beobachtungsturm aus Feld- und Backsteinen zur Abschreckung und Überwachung (FREY 2002, 92). Dieser Turm wurde nach einer relativ kurzen Bauzeit von zehn Jahren fertig gestellt und ist heute das älteste Bauwerk von Hamburg. Schon vor dieser Zeit entwickelte sich die Insel zu einem günstigen Umschlagplatz für die Heringsfischerei. Der Fischverkauf fand damals auf dem höchsten Punkt der Insel statt, auf dem später der Turm errichtet wurde (http://www.husachterndiek.de/index_1.html).

Bild 3: Leuchtturm auf Neuwerk. http://www.leuchttuerme.net/index.php?nav=1000167&lang=1&id=54&action=portrait

Die Insel erhielt ihren jetzigen Namen durch den Bau des Turms, welcher „Nyge Werk" genannt wurde, was soviel wie „neues Bauwerk" bedeutete. Im Laufe der Zeit entwickel-

---

5   uneingedeichte Insel aus Marsch im Wattenmeer vor Schleswig-Holstein (LESER 2005, 331).

te sich diese Bezeichnung zu dem Namen „Neuwerk" und somit zum Namen der Insel. Seit 1310 weist der Turm den Schiffen den richtigen Weg in die Elbe und noch zu Zeiten der Piraten konnten Angriffe in Richtung der Elbmündung erfolgreich abgewehrt werden. Ab 1555 wurde aus der Hallig eine Insel, da mit einer Eindeichung begonnen wurde. In dem nun vor den Gezeiten geschützten Gebiet konnten sich Bauern und Fischer ansiedeln, welche durch ihre landwirtschaftlichen Erzeugnisse aufgrund von Schafhaltung und Bodennutzung die Turmbesatzung versorgten (http://www.schullandheim-meereswoge. de/geschichte-N.html). Nachdem zwischen 1817 bis 1866 eine weitere Erhöhung des Deiches stattfand, konnte auch die Überflutung durch winterliche Sturmfluten verhindert werden (FALKUS-SEELIG 1988, 12).

Im 17. Jahrhundert wurde auf dem Vorland eine Blüse errichtet. Dies bezeichnet ein Holzgerüst, auf dem bei Bedarf in einem Kupferkessel ein offenes Feuer entzündet werden konnte. Einer der ersten Leuchttürme war somit entstanden. Ab 1815 wurde auf diesem Turm ein Lampenfeuer angelegt, welches einfacher zu betreuen war (http://www.schullandheim-meereswoge.de/geschichte-N.html). Der Turm funktionierte allerdings nicht nur mit diesem Lampenfeuer. Das Feuer wurde nämlich durch ca. 21 Parabolspiegel[6] so stark gebündelt, dass bei klarem Wetter der Strahl auch von Helgoland aus gesehen werden konnte. In der heutigen Zeit ist der Turm knapp 35m hoch und bietet eine Aussichtskanzel, auf der man nach Scharnhörn, zum Festland und über die Weiten des Wattenmeeres blicken kann (MAIER 1994, 105).

Nachdem die Insel 1873 zu einer Landgemeinde mit Ortsvorstand wurde, gewährte man 1905 den ersten Badegästen eine Aufenthaltsmöglichkeit. Dies hatte zur Folge, dass Neuwerk ein Seebad wird (http://www.jordsand.de/neuwerk/index.htm).

1937 fallen Neuwerk und Cuxhaven infolge des Groß-Hamburg-Gesetzes an Preußen und nach dem zweiten Weltkrieg an Niedersachsen. 1969 werden Neuwerk und Scharnhörn aufgrund eines Staatsvertrages zwischen Niedersachsen und Hamburg wieder Hamburger Staatsgebiet. Somit gehört Neuwerk seit ca. 700 Jahren mit kleineren Unterbrechungen zu dem Land Hamburg (http://www.cuxpedia.de/index.php/Neuwerk).

1.4 Besiedelung

Vor der Eindeichung, mit der 1555 begonnen worden ist, diente die damalige Hallig Neuwerk nur Schafen, die dort zum Weiden gehalten wurden, als „Wohnort". Nachdem die Eindeichung begann und Neuwerk zu einer vor den Gezeiten geschützten Insel wurde, siedelten sich Bauern und Fischer an, die auf der Insel oder von der Insel aus ihrer Arbeit nachgingen und ihre Wohnhäuser dort besaßen (http://www.husachterndiek.de/index_1. html). Nachdem 1813 die Zahl der Einwohner auf 33 gestiegen war, wurden diese im Zuge der napoleonischen Besatzung vertrieben. Alle Gebäude und Wohnhäuser wurden

---

6 Spiegel, dessen Fläche durch Umdrehung einer Parabel um ihre Achse entstanden ist (KLIEN 1962, 511).

abgebrochen, jedoch konnte die Sprengung des Turms verhindert werden (http://www.cuxpedia.de/index.php/Neuwerk). 1873 wurde Neuwerk, wie bereits weiter oben beschrieben, zu einer Landgemeinde und ab 1905 startete der erste „Tourismus", der sich bis in die heutige Zeit stark weiterentwickelt und fortgesetzt hat.

Die rund 40 Einwohner, die derzeit auf Neuwerk zu finden sind, leben von der Landwirtschaft und den Touristen (http://www.husachterndiek.de/index_1.html).

1.5 Tourismusmöglichkeiten

Jährlich zieht es ca. 120.000 Touristen nach Neuwerk. Diese nutzen die Insel als Erholungsort, zum Wattwandern oder für die Bernsteinsuche. Auf Neuwerk gibt es ein Hotel, Pensionen, Ferienwohnung, einen Reiterhof, ein Heuhotel und zwei Schullandheime (http://www.nordsee-netz.de/165/elbe-weser/elbe-weser-insel-neuwerk.html). Ebenso gibt es unzählige Angebote der Nationalparkverwaltung und des Vereins Jordsand. Hierbei erfährt man bei einer kundig geführten Wattwanderung die Vielfalt dieses Lebensraumes oder beobachtet seltene Vögel. Auch das Vorland kann durch eine Exkursion erkundet werden. Hierbei lernt man die Vielfalt der Salzwiesen kennen, die speziell in der Nord- und Ostsee auftreten. Des weiteren können Insel und Watt per Pferd erkundet werden oder man besteigt den ältesten sich noch in Betrieb befindenden Leuchtturm (http://www.husachterndiek.de/index_1.html).

Bild 4: Mit dem Pferdewagen im Watt. http://www.nordstrand.de/news-detailansicht.html?&tx_ttnews%5Btt_news%5D=20&tx_ttnews%5BbackPid%5D=45&cHash=5dc9952104

Besichtigt werden kann auch das Nationalpark-Haus der Behörde für Stadtentwicklung und Umwelt (BSU), in welchem sich eine Ausstellung über den Nationalpark Hamburgisches Wattenmeer befindet. Neben den Pferden und Ochsen, die im Sommerhalbjahr auf dem Vorland der eingedeichten Insel frei gehalten werden, befindet sich auf Neuwerk im Sommer auch eine Zuchtstation zur Begattung für Bienenköniginnen (http://www.cuxpedia.de/index.php/Neuwerk).

Als weiteres Highlight gibt es auf der Insel den „Friedhof der Namenlosen". Dieser von

Bäumen und Sträuchern geschützte Platz dient als Erinnerung für die unzähligen namenlosen Opfer der See, welche in Neuwerk angespült wurden. In der Mitte des Geländes wurde ein Holzkreuz auf Steinen errichtet, um welches sich die Gräber gruppieren (http://www.schullandheim-meereswoge.de/geschichte-N.html).

Bild 5: Bronzetafel auf dem Friedhof der Namenlosen auf Neuwerk. http://www.dithmarschen-wiki.de/Bild:Friedhof_der_Namenlosen2.jpg

2 Salzwiesen

Salzwiesen sind im Übergangsbereich zwischen Meer und Land entstanden und somit von häufigen Überflutungen beeinflusst. Sie präsentieren zwischen Dänemark und England, entlang des Nordseeraumes, eine spezialisierte Tier- und Pflanzenwelt. Dieser Lebensraum ist auf der Erde einmalig und sonst nirgends zu finden (KÜNNEMANN 1997, V).

2.1 Definition

„Salzwiesen sind ein Saumbiotop[7] und stellen den Rest eines ehemals weitläufigen Übergangsbereiches zwischen Land und Meer dar." (STOCK 2005, 8). Salzwiesen behaupten ihren Platz zwischen zwei sehr unterschiedlichen Lebensräumen. Auf der einen Seite befindet sich das Meer und auf der anderen das Land. So zeigt sich die Salzwiese einerseits als ein Flickenteppich zarter Grün- und Gelbtöne, bedeckt von dichtem Gestrüpp. Andererseits findet man sie überflutet, wenn starke Stürme die Vorländer überschwemmen und von der ursprünglichen Vegetation der Salzwiese nur noch einzelne Grashalme aus dem Wasser hervorschauen. Als wichtigster Unterschied zu den Lebensräumen im

7   gegenüber dem Ökoton (Übergangsbereich zwischen ökologischen Raumeinheiten) ein ökologischer Übergangsbereich in der topischen Dimension (Bestandteil der Theorie der geographischen Dimensionen) (LESER 2005, 794).

Binnenland ist die Überflutung mit Meerwasser, die immer wieder vorkommt. Durch den daraus entstandenen hohen Salzgehalt im Boden kam die „Salzwiese" zu ihrem Namen (KÜNNEMANN 1997, 2).

Bild 6: Salzwiese. http://www.presse.uni-oldenburg.de/mit/2008/278.html

2.2 Entstehung

Unter Salzwiesen versteht man eine charakteristische Pflanzengesellschaft an Küsten der gemäßigten Zone, die auf Salzböden wächst und in der Regel mit dem salzhaltigen Grundwasser in Verbindung steht. Die Pflanzen und Tiere der Salzwiesen weisen typische Anpassungen an die Salzgehalte von Wasser und Boden auf und verfügen über Mechanismen zur Salzregulation. Hierzu gehören eine selektive Salzaufnahme, das Abwerfen alter Blätter mit salzgesättigten Lösungen, die Salzspeicherung in Geweben, das Ausscheiden von Salz aus Drüsen und die Verdünnung der Zellsaftkonzentrationen durch schnelles Wachstum (LESER 2005, 788).

Die Salzwiesenbildung an der Nordseeküste konnte nur in Verbindung mit dem Wattenmeer stattfinden. Zur Entstehung und Beibehaltung dieses Lebensraumes gibt es eine Reihe von Bedingungen, die erfüllt sein müssen.

Damit weite Bereiche überflutet und mit Sedimenten versorgt werden können, muss der Tidenhub[8] mehrere Meter betragen. Des weiteren dürfen die vorhandenen Strömungen nicht zu stark sein und der Einfluss der Sturmfluten sollte ein gewisses Maß nicht über-

---

8   Ausmaß des Ansteigens des Wasserstandes bei Flut; Differenz zwischen Niedrig- und Hochwasser (LESER 2005, 954).

steigen. Wäre dies nicht der Fall, würden abgelagerte Sedimente aufgrund der hohen Erosionskraft abgetragen werden. Ein flacher Meeresboden, der allmählich zum Land hin ansteigt ist ebenso wichtig wie ein flaches Hinterland. Würde das Geländeprofil stark ansteigen, könnten die Flüsse eine größere Kraft entwickeln und feines Material ebenso wie grobe Sand- und Geröllfrachten davontragen. Letztendlich muss die Produktion und Zufuhr von organischem Feinmaterial ebenso gesichert sein wie ein gemäßigtes Klima, welches die vorhandene Tier- und Pflanzenwelt bedingt (KÜNNEMANN 1997, 9f.).

Greift man auf paläobotanische[9] Untersuchungen zurück, so drängt sich der Verdacht auf, dass die früheren Küstenlandschaften aus einem Mosaik von brackwasserbeeinflusster und halophytischer[10] Vegetation bestand. Die Mehrheit der heutigen Salzwiesen erstreckt sich entlang der Festlandsküste und entstand zum größten Teil im Schutz von Lahnungen[11]. Dazu kommen noch natürlich angelandete Salzwiesen, sowie Halligsalzwiesen (STOCK 2005, 8f.).

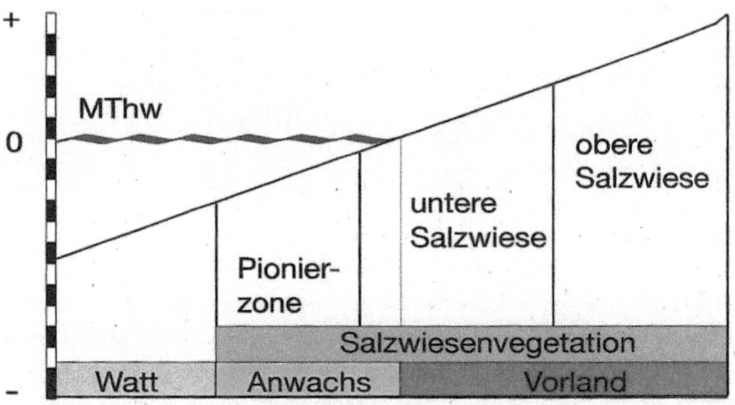

Abb 3: Salzwiesenzonierung in Abhängigkeit von Überflutungshäufigkeit und Mittlerem Tidehochwasser (MThw). Die Grafik zeigt ebenfalls die unterschiedliche Begriffsbestimmung. Eine Salzwiese ist gekennzeichnet durch Pionierzone sowie untere und obere Sazwiesenzone. Die untere Salzwiesenzone kommt auch unterhalb Mthw vor. Entsprechend Küstnschutzterminologie ist das Vorland anders definiert. Es reicht seewärts bis zur Mthw-Linie. Der darunter liegende Bereich wird als Anwachs bezeichnet. STOCK 2005, 18

---

9   Erforschung der Pflanzenwelt früherer, erdgeschichtlicher Zeitabschnitte auf der Grundlage von pflanzlichen Groß- und Kleinresten (LESER 2005, 650).

10   Pflanzen, die in verschiedenen Lebensräumen einen hohen Salzgehalt ertragen können (LESER 2005, 332).

11   einfacher, schmaler Damm an der Küste oder am Ufer von Binnengewässern aus Erde, Steinen oder Rutengeflecht, der die Strömung des Wassers beruhigt und die Ufer vor Erosion schützt oder im Wattenmeer die Auflandung fördert (LESER 2005, 474).

2.3 Typen

Da Salzwiesen sich nur im Schutz einer physikalischen Barriere bilden können, gibt es verschiedene Typen, die es zu unterscheiden gilt.

Die Lagunen-Salzwiese entsteht in Bereichen, die durch Nehrungen[12] eingeschlossen werden und nur noch über eine kleine Öffnung Verbindung zum Meer besitzen. Für die südliche Ostseeküste sind diese Küstenformen bezeichnend. Allerdings bilden sich dort keine typischen Salzwiesen aus.

Die Sandsalzwiesen bilden sich im Schutze von Sandbänken oder Dünenzügen aus. Die Auflandung geschieht durch Sedimentation und durch Sandflug.

Die Leeseiten-Salzwiesen entstehen im Windschatten der Inseln und sind typisch für das ostfriesische und niederländische Wattenmeer. Vor der Küste wird den Sturmfluten ihre Kraft durch eine Reihe von Inseln genommen, so dass eine Salzwiesenbildung auch an der Festlandküste möglich ist.

Am häufigsten kommen auf der Welt die Ästuar-Salzwiesen vor. Fast jedes Flussdelta in den mittleren und hohen Breitengraden entwickelt Salzwiesen, die im Schutz einer Fluss-biegung liegen oder durch den Schwemmkegel des Flusses geschützt werden. Durch das Eindeichen von Flüssen sind an unseren Küsten die Ästuar-Salzwiesen größtenteils ver-schwunden.

Vorländer entstehen durch künstliche Landgewinnungsmaßnahmen. Hierbei kann sich eine Entwicklung zu naturnahen Salzwiesen vollziehen. Allerdings wurden diese in der Vergangenheit eingedeicht oder durch intensive Beweidung genutzt. Die meisten Sal-zwiesen der Festlandküste können zu dieser Gruppe gezählt werden.

Auf dem Bodenaushub, der aus Schifffahrtsrinne ausgebaggert oder bei Küstenschutz-maßnahmen aufgespült wurde, können künstliche Salzwiesen entstehen (KÜNNEMANN 1997, 12f.).

2.4 Bedeutung und Nutzung

„In den Salzwiesen der deutschen Nordseeküste leben etwas 1650 Tierarten mit mehr als 1mm Körperlänge, hinzu kommen noch einmal weitere 400 Arten der Mikrofauna." (KÜNNEMANN 1997, 133).

Alle Lebewesen, die in dem Lebensraum Salzwiese vorkommen, sind Spezialisten, die sich an die extremen Lebensbedingungen in dieser Nische angepasst haben und einmalig nur dort vorkommen (http://www.fsbio-hannover.de/oftheweek/115.htm).

50% der Makrofauna gelten als stenök[13], wobei im Teil der unteren Salzwiese fast 75%

---

12   schmale Landzunge, die in das Meer ragt (http://de.thefreedictionary.com/Nehrungen).
13   Organismen, die allgemein nur geringe Schwankungen von für sie wichtigen ökologischen Rahmenbedingungen ertragen können; stenöke Organismen findet man nur in besonderen Ökosystemtypen (LESER 2005, 896).

der Arten stenök sind, was an dem hohen Grad an Spezialisierung liegt, der für das Überleben in dem Ökosystem Salzwiese erforderlich ist (KÜNNEMANN 1997, 133).

Salzwiesen dienen als natürlich Wellenbrecher, als Sedimentationsräume vor den Deichen und als natürlicher Lebensraum für spezialisierte Organismen, die sonst nirgends vorkommen (http://www.fsbio-hannover.de/oftheweek/115.htm).

Die Funktion der Salzwiese als natürlicher Wellenbrecher wird durch die flach ansteigenden Vorländer begünstigt. Dort laufen die Wellen auf, brechen sich und verlieren somit den größten Teil ihrer Energie, bevor sie den Hauptdeich treffen. Darüber hinaus werden Salzwiesen auch zur landwirtschaftlichen Bewirtschaftung genutzt. So dienen sie Schafen, Rindern und auch Pferden als Weidegrund. Nachdem früher eine intensive Beweidung als unbedingt notwendig angesehen wurde, um die Festigkeit der Grasnarbe und die daraus resultierende Haltbarkeit der Wiesen für den Küstenschutz zu gewährleisten, hat sich diese Sichtweise aufgrund neuerer Untersuchungen gewandelt. Auch eine unbeweidete oder extensiv beweidete Salzwiese besitzt genügend Festigkeit und kann somit der Erosion widerstehen. Außerdem führt eine intensive Beweidung zu einem Rückgang der natürlichen Artenvielfalt. Dies zeigt sich dadurch, dass auf einer stark beweideten Salzwiesenfläche robuste und wenig verbissempfindliche Gräser wie z.B. Andel und Rot-Schwingel dominieren, wohingegen trittempfindliche Kräuter nicht mehr gedeihen können (http://fhh1.hamburg.de/Behoerden/Umweltbehoerde/wattenmeer/pdf/008-009.pdf)
.

2.5 Gefährdung

Abb 4: Eingedeichte Flächen vor 1400 (gepunktet) und nach 1400 (gestrichelt). KÜNNEMANN 1997, 167

Die größte Gefährdung droht dem Ökosystem Salzwiese durch den Menschen. Aufgrund von Eindeichungen, das beständige Vorrücken der Deiche und der Verkleinerung des Wattenmeeres, die daraus folgt, werden große Teile von Salzwiesen vernichtet. Zudem kommt, dass die Pflanzenvielfalt der Salzwiesen durch großflächige Beweidung zerstört wird. Typische Salzwiesenpflanzen kommen wegen des Vertritts nicht mehr zur Blüte und werden verdrängt. Dadurch entsteht eine golfrasenartige Salzweide, da nur noch wenig empfindliche Grasarten wachsen. Zusätzlich wird der Lebensraum Salzwiese aufgrund von Tourismus, Überdüngung, Sodenentnahmen[14], Öl, sowie Schwermetallen und anderen Giften bedroht.

Findet keine ausreichende Besucherlenkung auf den Salzwiesen statt, so stören Strandbesucher, Wanderer, Reiter und Camper Brut- und Rastvögel. Zusätzlich zerstören sie die Vegetation, wodurch Angriffspunkte für Erosion geschaffen werden. Blechdosen und Plastikmüll können zu Fallen für wirbellose Tiere und Vögel werden.

In den letzten 40 Jahren sind die Nährstoffkonzentrationen im Wasser der Nordsee stark gestiegen. Dies hängt mit den vermehrten menschlichen Aktivitäten in diesem Lebensraum zusammen. Durch die erhöhte Nährstoffverfügbarkeit steigern sich die Produktionsraten und die Artenanzahl verringert sich. Des weiteren führt dies zu einer Bevorzugung von schnell wachsenden Arten.

Um Deichdecken zu reparieren, entnimmt man aus den Salzwiesen Soden. Dies hat den vollständigen Verlust der Tier- und Pflanzenwelt zur Folge. Nur wenn die Sedimentationsrate größer als in der höher gelegenen Umgebung ist, kann sich wieder eine dichte Vegetation etablieren, die der ursprünglichen gleicht.

Öl, welches auf der Wasseroberfläche schwimmt, wird mit den Fluten in die Salzwiesen gespült. Pflanzen und Tiere, welche mit dem Öl in Berührung kommen, sterben. Von einer kleinräumigen und einmaligen Ölkatastrophe kann sich die Salzwiese unter Umständen langsam wieder erholen. Emulgatoren sollten zur Bekämpfung einer Ölkatastrophe nicht eingesetzt werden, da auch hierbei die Pflanzen in einer Salzwiese sterben. Stellt sich eine schleichende Ölpest ein und führt dies zu einer kontinuierlichen Verschmutzung, so kann der Tod der Pflanzen nicht verhindert werden und die Salzwiese wird dauerhaft zerstört.

Salzwiesen gelten als Schwermetallsenke. Pflanzen nehmen die im anaeroben Boden reduzierten Übergangsmetalle auf und geben sie über die Nahrungskette weiter (KÜNNEMANN 1997, 163f.).

---

[14] auch Plaggen; ziegelartig ausgestochene Humus-Erdstücke; Verwendung in Stallviehwirtschaft als Einstreu; nach der Anreicherung mit Kot und Harn Ausbringen auf die dorfnahe Feldflur; Steigerung der Bodenfruchtbarkeit (LESER 2005, 679).

3. Sanddünen

Sanddünen an sich sind durch äolische Prozesse entstandene Landformen. Je nach ihrem Sandgehalt und ihrer Korngrößenzusammensetzung, können sie unterschiedlich Formen annehmen, sowie verschiedene Vegetationsformen aufweisen. Allgemein wird in aktive Dünen und inaktive Dünen unterschieden. Aktive Dünen sind frei von Vegetation und somit stak dem Wind ausgesetzt, was zur Folge hat, dass sie ständig ihre Form ändern und sich fortbewegen. Inaktive Dünen hingegen besitzen eine Vegetationsdecke, die die Sandbewegung weitgehend verhindert und sind somit relativ stationär.

Eine weitere Unterscheidungsmöglichkeit bei Dünen besteht beim Material. Die meisten Dünen bestehen hier aus Quarzkörnern, die durch Abrasion entstanden sind. Allerdings sind auch Dünen zu finden, deren Sand aus Tephra, einem vulkanischen Sand, oder aus Muschelbruchstücken bestehen. Letztere sind vor allem in Küstenregionen anzutreffen (Strahler H., Strahler N., 2005).

Eine der am weitesten verbreiteten Dünentypen ist der Barchan. Er besitzt eine sichelförmige Grundform mit 2 Spitzen an der dem Wind abgewandten Leeseite. Hier ist eine steile, im Grundriss konkave Hangneigung zu finden. Sie hat eine Hangneigung von ca. 35°. Dies ist so steil, dass die neu angetragenen Sandkörner auf dieser Seite Großteils wieder den Hang hinunter rutschen. Auf der windzugewandten Luvseite, hingegen ist der Hang des Barchan sehr flach ansteigend und leicht konvex gewölbt. Da der Barchan keine Vegetation aufweist und aus lockerem Quarzsandbesteht, zählt er zu den aktiven Sanddünen. Dies ist bei Starkem Wind gut zu beobachten, da hier oftmals eine Sandwolke am Dünenkamm zu sehen ist. Barchans sind zumeist in ebenen Flächen mit kleinen Gesteinsfragmenten zu finden (Strahler H., Strahler N., S. 461).

Abb.5: Barchan

Eine weitere Sanddünenart sind die Transversaldünen. Diese sind ausschließlich in sehr sandreichen Gebieten wie z.B. Wüsten zu finden. Sie verlaufen im rechten Winkel zur Hauptwindrichtung und besitzen die gleiche Form wie Meereswellen. Da die Transversaldünen zumeist in größeren Scharen auftreten, nennt man ihre Vorkommensgebiete auch Sandmeer. Das besondere Kennzeichen dieser Dünen sind Ihren scharfen Kämme und die asymmetrischen Hänge mit ein steilen Leeseite und einer flacheren Luvseite (Strahler H., Strahler N., S. 462).

Abb.6: Transversaldünen in der Sahara

Ähnlich wie die Transversaldünen sind auch die Parabeldünen in sandreichen Regionen zu finden. Ihr charakteristisches Kennzeichen ist die im Gegensatz zum Barchan konvex Gewölbte Leeseite. Am Häufigsten ist dieser Dünentyp hinter Stränden als Stranddüne zu finden. Hier besitz die Parabeldüne eine Auswehungswanne. Sie besteht ebenfalls meistens aus lockerem Quarzsand und Zählt somit auch zu den aktiven Dünen, die sich fortbewegen. Während ihrer Wanderung über das flache Gelände überrollt die alles, was sich ihr in den Wegstellt. Dies können teils sogar ganze Wälder in Küstennähe sein. (Ahnert F.; S. 167)

In Semiariden gebieten können sich ebenfalls Parabeldünen bilden. Hier sind für die Bildung allerding kleinere Büsche notwendig, die den Sand hinter einer Deflationswanne abfangen und somit aufstauen. In solchen gebieten, besitzen die Parabeldünen keinen steilen Leehang. Zudem sind die Dünen hier eher stationär und zählen zu den inaktiven Dünen mit spärlicher bis mäßiger Vegetation. In Ausnahmefällen kann es passieren, dass der Dünenrücken am Leehang vorbeiwandert, wodurch haarnadelähnliche Dünen entstehen.

Die Haarnadeldüne, bzw. Längsdüne, deren Rücken parallel zur Windrichtung Verlaufen, sind zumeist in Ebenen mit wenig Sand und Vegetation, aber viel Wind angesiedelt, wie z.B. auf Wüstenplateaus. Dieser Dünentyp ist zwar nur wenige Mete hoch, kann sich aber über mehrere Kilometer in die Länge ziehen und somit ganze Landschaften prägen (Ahnert F.; S. 167).

Die höchsten Dünen der Erde sind in der sehr sandreichen Sahara zu finden. Sie werden Sterndünen, bzw. Pyramidendünen genannt und können in einzelnen Fällen mehrere 100m hoch werden. Sie entstehen, wen mehrere Dünen Mit ihrer Luv- und Leeseite aufeinander laufen und sich so, Pyramidenförmig anhäufen. Das so eine Große Düne entsteht, müssen sehr große Mengen an Sand vorhanden sein und die Winde aus Wechselnden Richtungen kommen, wie die zu Beispiel in der Sahara der Fall ist.

Abb. 7: Sterndüne

3.1 Entstehung der Sanddünen

Sanddünen können auf unterschiedliche Arten entstehen. Der Barchan z.B. kann durch Sandanlagerung an ein Gestrüpp, oder Felsen entstehen. Hier häuft sich zunächst ein Sandwall an. Dieser beginnt sich ab einer gewissen Größe fort zu bewegen und bildet so die typische Sichelform des Barchans aus. Da das Hindernis nach der Fortbewegung des Barchans wieder frei Gelegt wird, kann hier der Dünenbildungsprozess wieder von neuem beginnen. Dies hat zur Folge dass Dünen, die auf diese Art entstehen zumeist in Gruppen auftreten, die sich Kettenförmig in Leerichtung des Hindernisses anordnen.

Eine andere Möglichkeit der Dünenbildung besteht in der reinen Masse des vorhandenen Sandes, in Kombination mit reichlich Wind. Diese Situation ist entweder in Gebieten mit untergelagertem Sandstein gegeben, der reichlich Sand produziert, in an Alluvialebenen angrenzenden Gebieten oder in Flächen hinder Sandstränden, mit viel auflandigen Wind, der reichlich Sand in Richtung Inland transportiert. Diese Gegebenheiten führen zu einem Effekt, wie er auch beim Wasser zu beobachten ist, der Wellenbildung. Deshalb werden Gebiete mit so entstanden Dünentypen auch Sandmeere genannt.

Wird an einem Strand, durch Deflation eine kesselförmige Mulde ausgeblasen, kann ebenfalls eine Düne entstehen. Dies ist der Fall, wenn die Mulde eine gewisse Tiefe erreicht hat, die es ermöglicht, dass sich der Sand an ihrer Kante zu einem Hufeisenförmigen Rücken anhäuft, der auf der dem Land zugewandten Leeseite eine steile Böschung ausbildet.

Auf Wüstenebenen und Plateaus können ebenfalls Dünen entstehen und dass sogar mit einer relativ geringen Sandzufuhr. Hierzu ist allerdings ein konstant starker Wind von Nöten, der den wenigen Sand in Windrichtung zu einer wenige Meter hohen Längsdüne ablagert. Auslöser für eine solche Ablagerung, ist in den meisten Fällen ebenfalls ein Hindernis in Form eines Strauches.

3.2 Bedeutung von Sanddünen

Sanddünen haben in vieler Hinsicht eine Große Bedeutung für Natur und Mensch. Zu Einen bieten sie wichtige Lebensräume für viel Tier und Pflanzenarten und zum Anderen schützen sie den Menschen gerade in Küstengebieten vor Überschwemmungen und Sturmfluten. Sehr wichtig hierbei ist der Strandhafer, der zumeist auf Dünen wächst und sie somit stationär hält (http://www.nationalpark-wattenmeer.niedersachsen.de 12.6.09).

3.3 Sanddünen auf Neuwerk

Die Entstehung von Sanddünen im Wattenmeer ist den Besonderen Umständen dieses Bereiches zu verdanken. Als ersten Schritt werden feine Sedimente und Sandkörner angehäuft, bis kleine Sandbänke entstehen, die wenige Dezimeter über dem Meeresspiegel liegen. Diese werden anschließen nur noch bei selteneren Hochwasserereignissen überspült und umgelagert, sodass sich mit der Zeit zunächst kleinere Algen und Tangpakete ablagern können, die später als eine Nährstoffgrundlage für erste Gräser dienen können. Dieser Prozess findet auch an den Stränden im Wattenmeer statt und ist die erste Stufe einer Dünenbildung.

Schaffen es die ersten Seegräser eine festere Schicht zu bilden, was aber nur sehr selten geschieht, entsteht so eine Primärdüne. An der sich weiterer Sand vom Strand ablagern kann. Als Pionierpflanze dient oft die Binsen Quecke. Sie besitzt die Eigenschaft mit der Düne mitwachsen zu können, da sie ständig neu austreibt. Hierdurch gelingt es ihr auch die Düne von innen mit ihrem Wurzelwerk zu festigen. Und die Übersandung auszugleichen. In diesem Stadium ist die Düne Noch sehr anfällig gegen Sturmfluten und ähnliche Hochwasserereignisse, da die Pflanzenbestände kaum mehr als 60% des Strandes bedecken.

Häuft sich nun noch mehr Sand an entsteht, die sogenannte Weißdüne. Auch sie ragt zunächst nur wenige Dezimeter über den Meeresspiegel hinaus. Ihr ist der Salzwassereinfluss jedoch nahezu vollends entzogen und ihr Boden ist durch Niederschläge fast komplett ausgesüßt. Beispiele für solche Pflanzen sind die Strandplatterbse und die

Stranddiestel. Siedeln sich jetzt auch noch Strandhafer und Strandroggen an, kann die Düne mit der Zeit immer mehr Sand abfangen und so auf eine Höhe von bis zu 6 m Anwachsen. Nimmt die Vegetationsdichte noch weiter zu, setzen erste boldenbildente Prozesse ein, die sich in einer Graufärbung des Bodens wiederspiegeln. Da die neu gebildeten Nährstoffe aber sofort in die Düne nach unten Gewaschen wird dominiert in diesem nährstoffarmen Bereich, dem Bereich der Graudüne, die Trockenheitstolerante und dem zufolge Pflanzen mit einem geringen Anspruch an den Boden, wie zum Beispiel das Silbergras, die Sand-Segge und die Griechweide.
(Nationalpark Atlas Hamburgisches Wattenmeer, S. 15)

Abb. 8: Stranddüne

4. Flora

Die Pflanzenzusammensetzung hat sich in den letzten par Hundert Jahren aus Neuwerk einige Male gewandelt. Dominierte zunächst nur die Grünlandschaft, so rückte mit zunehmender Eindeichung der Ackerbau auf den sandigen Böden in den Vordergrund. Erst in den letzten Jahrzehnten, wurde wieder aus die ursprüngliche Grünlandschaft zurück gegriffen. Hierdurch ist auf Neuwerk eine nur sehr spärliche Vegetation zu finden, die aber immer noch üppiger ist als die vom Festland.

4.1 Die Pflanzenarten auf Neuwerk

Im Westen der Insel Neuwerk dominieren vor allem das Weidelgras und der Weißklee. Das Weidelgras ist hierbei ein sehr robustes Gras, das aus der Familie der Süßgräser stammt. Es wächst in Horsten, mit zahlreichen sterilen Blattrieben. Seine Blätter sind dunkel Grün, werden bis zu 20 cm lang und 3-4 mm breit. Ihr Oberseite ist durch zahlreiche Längsriefen rau, die Unterseite glatt und mit einem deutlichen Kiel in der Mitte versehen.

Der Weißklee zählt zur Familie der Hülsenfrüchtler. Er ist ebenfalls sehr widerstandsfähig, wir 5-20 cm groß. Er besitzt kräftige Pfahlwurzeln und kann unterirdisch ein verzweigtes Wurzelwerk ausbilden. Seine dreiblättrigen Stängel treten in Gruppen von ca. 20 Stück pro Pflanze auf, wobei jedes Blatt 1-2,5 cm lang werden kann. Die Farbe der Blätter ist fahl grün, die Blütenköpfchen sind weiß und kugelig, 1,5 bis 2,4 cm breit und stehen an 5 bis 30 cm langen Stielen. Zudem besitzt der Weißklee noch Hülsenfrüchte, die drei bis vier Samen beinhalten. (Seidel D., Eisenreich W.; S.36)

Abb. 9: Wiesen Flockenblume

Im östlichen Teil der Insel hingegen, wurde die Grünlandschaft über einige Jahrhunderte nicht unterbrochen, wodurch weisen mit einer sehr großen Artenvielfalt entstanden. Hier ist die Wiesen Flockenblume sehr verbreitet. Sie stammt aus der Familie der der Korbblütengewächse und erreicht eine Wuchshöhe von 30 bis 70 cm. Ihre violetten, auffälligen, 2 bis 4 cm großen Blüten locken viele Insekten an und dienen ihnen als Nahrungsquelle. Ihre Blätter sind wechselständig, ungeteilt und dunkel grün. (Seidel D., Eisenreich W.; S.128)

Im Norden von Neuwerk, sind die Wiesen am nährstoffärmsten. Hier ist der Kleine Klappertopf zu finden. Er prägt hier die Landschaft mit seinen gelben auffälligen Blüten, die seitlich zusammengedrückt sind und eine Ober und Unterlippe besitzen. Er wird 10 bis 40 cm groß und besitzt. Seine Blätter sind gegenständig angeordnet gezahnt, grün, 20 bis 30 mm lang und meist 5 bis 8 mm breit. Er ist auf dem Festland schon sehr rar und wird auf den Roten Listen der Seltenen Pflanzen geführt. Seinen Namen hat er von den seinen reifen Früchten, in denen die trockenen Samen bei etwas Wind klappernde Geräusche von sich geben.

Ein weiteres Indiz für den in Neuwerk vorhandenen feuchten, nähstoffarmen Boden ist das Auftreten von Schilf, verschiedenen Seggen, Flatterbinse und Knick-Fuchsschwanz. Die Flatterbinse gehört hierbei zu der Familie der Binsengewächse. Sie hat 1 – 1,5 m hohe Halme, die eine grüne Farbe besitzen und mal mit Blättern bestückt sind und mal ohne. Wenn Blätter vorhanden sind, winden diese sich um den Halm, sind zylindrisch, biegsam und meistens glatt oder leicht längsgerillt. In den Sommermonaten trägt die Flatter-Binse kleine fächerförmige, grün-braune Blüten. Ihre Ausbreitung findet durch die Bildung einer großen Anzahl von neuen Rhizomen statt. (Quelle: Naturschutzgesellschaft Schutzstation Wattenmeer e.V.)

Abb. 10: Binsenquecke

Der Knick-Fuchsschwanz, der wie das Weidelgras zur Familie der Süßgräser zählt, ist ebenfalls eine sehr robuste Pflanze, die sich unterirdisch ausbreitet. Ihre Halme werden meistens 15.45 cm lang, sind sehr dünn, geknickt, grün/braun und sie haben 5 bis 8 Knoten. Die Blattscheiden sind kahl, gerieft, die der untersten Blätter werden braun und zerreißen faserig. Die Blüte des Knick-Fuchsschwanzes ist walzenförmig, 1 bis 5 cm lang und ebenfalls grün/braun.
In den Strandregionen der Insel sind auch noch weitere Gräser und Pflanzenarten zu finden. Hierzu gehört unter anderem die Binsenquecke. Sie ist ein Gras, das direkt am Strand zu finden ist und wohl die Pflanze die bei den widrigsten Bedingungen als letzte überlegt. Sie steht da, wo sonst nichts mehr wächst. Sie wird 10-35 cm hoch, hat unterseits glatte, oberseits dicht längsgerippte Blätter und eine grüne Farbe. In der Blütezeit von Juni - August wachsen schlanke, lang überhängende Blütenstände hervor, die aus 1,5 - 3 cm langen Ähren bestehen. (Quelle: Naturschutzgesellschaft Schutzstation Wattenmeer e.V.)
Ebenfalls am Strand und in den Dünen Zu finden, ist die Sandsegge, die zur Familie der

Seggen gehört. Sie wird im Regelfall 10 bis 30 cm hoch, kann aber an schattigen Plätzen bis zu 1m groß werden. Die Sandsegge hat eine dreizeilige Blattstellung, ihre Blätter stehen in einem Winkel von 120° zu einander. Sie werden bis 20 cm lang und rollen sich am Ende lockig ein, wenn sie trocknen. Der unscheinbare Blütenstand besteht aus 5 - 15 Blütenköpfchen und erscheint im Mai. Ihre Besondere Fähigkeit, besteht darin, auch nach Übersandung wieder an die Oberfläche wachsen zu können. Zudem kann sie ihr Wurzelwerk jährlich um bis zu 4 m ausdehnen und so große Flächen überwachsen.

Ein weiteres Mitglied der Familie der Süßgräser ist das Silbergras. Es ist wie die Sandsegge und die Binsenquecke eine Pionierpflanze die auf Sand wächst. Das Silbergras hat die Eigenschaft ganzjährig grün zu sein und erreicht eine Größe von 10 bis 35 cm. Es ist an dem charakteristischen Punktmuster der gleichmäßig auf dem Sand verteilten Grasbüschel schon von weitem erkennbar. Auf solchen lebensfeindlichen Flächen, wo der Boden im Sommer extrem austrocknet, ist es die einzige bestandsbildende Blütenpflanze. Die Blütenstände sind fein verzweigte, schmal-längliche, 2 bis 8 cm lang und meistens purpurn oder bunt gefärbt. (Quelle: Naturschutzgesellschaft Schutzstation Wattenmeer e.V.)

4.2 Die Lebensbedingungen

Die Flora auf Neuwerk ist sehr stark von den äußeren, extremen Bedingungen für die Pflanzen geprägt. Ein sehr bestimmender Faktor hierbei ist einerseits, die immer wieder auftretende Überflutung gewisser gebiete und die damit eng verbundene Versalzung der Böden. Andererseits, müssen die Pflanzen mit immer wieder auftretenden Versandungen und Verschlickungen des Bodens, sowie mit den mechanischen Störungen des Sandflugs, der Strömung und des Wellenschlags zurecht kommen.

4.3 Bedeutung der einzelnen Pflanzen für den Lebensraum

Allgemein lässt sich feststellen, dass die Pflanzen ein sehr wichtiger Teil des Biosystems in Neuwerk und Umgebung sind. Sie sind nicht nur zum Teil einzigartig und sehr selten, sonder sorgen grundlegend dafür eine Großteils intakte Natur in Neuwerk zu erhalten. Sie dienen den Tieren als Nahrungsgrundlage und Brutplatz und helfen den Menschen Sanddünen zu erhalten, die ohne Vegetation innerhalb kürzester Zeit weggespült würden.

5. Fauna

Die Insel Neuwerk mit ihrem Binnengroden und dem Vorland hat eine in vieler Hinsicht sehr abwechslungsreiche Fauna. Sie dient sowohl als Brutplatz, wie auch als Rastplatz für zahlreiche Vogelarten. Zudem bietet sie auch Vögeln, die normalerweise nicht auf Neuwerk anzutreffen sind bei Wetterextremen einen sicheren Rückzugsplatz.

5.1 Die Tierarten

Zahlreiche Vögel nutzen gerade den Binnengroden Neuwerks als Brutstätte. Unter ihnen sind zum einen zahlreiche Entenarten wie zum Beispiel die Stockente oder die Brandente. Letztere nisten vorwiegend in der dichten Grabenvegetation, in Ablagerungsflächen, oder in hohlen Bäumen.

Eine andere sehr artenreiche Brutgemeinschaft ist die der Dörfer. Sie nisten auf landwirtschaftlich genutzten Flächen und in den Höfen der Insel. Zu Ihnen zählen unter anderem der Haussperling, die Rauch- und Mehlschwalbe, der Star, der Hausrotschwanz, der Hänfling und die Bachstelze (Pott E.; S.28).

Die wohl wichtigste Brutgemeinschaf auf dem Neuwerker Binnengroden, ist jedoch die er Seemarschen. Sie liegt in Meer nähe und bietet so besonders viel Nahrung für die Vögel. In diesem Bereich dominieren die Austernfischer, Rotschenkel und Kiebitze die Szenerie. Vor allem der wenig scheue Austernfischer fällt hier das seines schwarzweisen Gefieders und seinem rotorangen Schnabel sofort auf. Er ist ca. 40 cm lang und kann um die 500 g wiegen. Beachtlich ist auch sein alter, das durchaus 40 Jahre betragen kann.

Abb. 11: Austernfischer

Im Gegensatz zum Austernfischer der das ganze Jahr anzutreffen ist, ist der Kiebitz nur von März bis in das Spätjahr hinein anzutreffen. Kaum angekommen beginnt er schon Ende März mit der Brut und legt im Regelfall vier Eier in eine Bodenmulde. Die geschlüpften Küken, fangen sofort nach ihrer Geburt mit Nahrungssuche an und fangen in den umliegenden Gewässern kleine Insekten. Ein alter Brauch gefährdet jedoch den Fortbestand der Kiebitze. Da es in Holland üblich ist, Kiebitzeier zu sammeln wurden beispielsweise, in einem Jahr am Markt von Groningen über 1 Mio. solcher Eier verkauft. Ein weiteres großes Problem ist die intensive Landwirtschaft, sie kostet so viele Gelege, dass die wenigen erfolgreichen Bruten die Bestandszahl nicht halten können. Der Kiebitzbestand ist stark rückläufig. Aus diesem Grund, hat die Stadt Hamburg auch ein Extensivierungsproramm für die Landwirtschaft gestartet. In dem sie eine für Landwirte und Tiere verträglich Lösung anstrebt. Punkte in diesem Programm sind der Verzicht auch Schleppen, Walzen und Mähen in den Brutmonaten der verschiedenen Vögel von Ende März bis Ende Juni (Nationalparkatlas Hamburgisches Wattenmeer; S. 54-57).

Kaum Brut findet hingegen in den Gehölzen Neuwerks statt. Dies liegt vermutlich an dem zu geringen Alter der Hölzer. Da nur alte Hölzer Teil hohl sind und Brutmöglichkeit bieten. Allerdings gab es in den letzten Jahren erste Kohlmeisen und Stare, welche sich die ersten wenigen Hohlräume zum nisten Teilten. Einziger weit verbreiteter Vogel in diesem Bereich ist die Ringeltaube, sie schafft es immer und überall schnell ihre geflochtenen Nester zu bauen. In etwas dichterem Gehölz, was es auf Neuwerk in kleinen Mengen auch gibt, sind ebenfalls wenige Exemplare von Zaunkönigen, Gelbspöttern und Heckenbraunellen zu finden. Einige Vögel sind in den letzten Jahren auch als komplett neue Bewohner der Insel hinzugekommen. Hierzu zählen die Waldeule, der Karmingimpel und der Birkenzeisig.

Abb. 12: Gelbspötter

Nicht nur direkt auf dem Binnengroden Neuwerks, sondern auch im Vorland der Insel sind zahlreiche Vögel zur Brut. Hier nisten Jährlich über 2000 Brutpaare der Seevögelkolonien. Als wichtigster Vertreter ist hier wohl die Flussseeschwalbe zu nennen. Sie machte im letzten Jahrhundert zunächst den Hauptbestand aus, bevor ihre Zahl der Brutpaare, durch die landwirtschaftliche Nutzung auf ein paar weinige zusammenschrumpfte. Dies Bewog die Stadt Hamburg, ein Schutzprogramm für die Brutvögel im Vorland zu entwerfen, nach dem es jetzt nur noch ab August gestattet ist die Wiesen des Vorlands zu Beweiden.

Diese Schutzmaßnahmen zeigte relativ schnell ihre Wirkung, so nisten heute wieder ca. 2000 Brutpaare der Lachmöwen, die den größten Anteil der Brüter ausmachen, im Vorland. Sie trägt ein komplett weißes Federkleid, und bekommt in den Sommermonaten von April bis Julie eine schwarze Kappe um den Kopf. Da die Lachmöwe ein Allesfresser ist, hat sich ihr bestand in den letzten 30 Jahren auch verzehnfacht. Sie ist wirklich alles von Kleintieren aller Art bis zur Größe von Mäusen. Daneben sind Fischabfälle von Kuttern und „Luftpiraterie", also der Beuteraub bei anderen Vögeln, wichtige Futterquellen. Die Brut der Lachmöwe erfolgt in großen Kolonien, oft gemischt mit Seeschwalben (Pott E.; S. 99).

Neben der Seeschwalbe sind auch noch weitere Schwalbenarten im Vorland zu finden. Die Fluss- und Küstenschwalben beispielsweise brüten in kleineren Kolonien und bringen es jährlich auf eine Zahl von ca. 200 Brutpaaren. Seit einigen Jahren hat sich neben den Schwalben auch wieder der für das Wattenmeer typische Säbelschnäbler im Neuwerker Vorland ein gesiedelt. Er brütet stets in der Nähe der Priele. Ein weiterer Exot, der nur sehr selten zu sehen ist, heißt Zwergseeschwalbe. Sie nistet in den für Fußgänger gesperrten Dünenbereichen des Ostvorlandes. Für Möwen ist der Vorlandbereich dank der zahlreichen Schutzmaßnahmen in den letzten Jahren ebenfalls sehr interessant geworden. Sie brüten vor dem Sommerdeich. Neben den am weit verbreitetsten Silbermöwen, sind hier auch einige Exemplare der Sturm- und Heringsmöwen zu finden. Der Sandregenpfeifer brütete ebenfalls in der Nähe der Sommerdeiche, und bringt es auf ca. 20 Brutpaare im Jahr. Er ist in diesem Bereich Hauptsächlich auf offenen Sand- und Erosionsflächen zu finden, wo er nach Nahrung sucht (Nationalparkatlas Hamburgisches Wattenmeer; S.64). Außer Brutvögeln sind auf Neuwerk auch viele andere Arten an Vögeln anzutreffen, die hier rasten. Neben den zahlreichen Singvögeln, fallen manche Gruppen wie die Rotdrosseln oder Wintergoldhähnchen durch das Auftreten in großen Scharen auf. Teich- und Sumpfrohrsänger, sowie die Gelbspötter machen dagegen durch ihren lauten Gesang auf sich aufmerksam. Allerdings, sind auch Rastvögel zu finden die kaum auffallen, wie zum Beispiel die Bekassinen, die aus Versehen aufgescheucht werden (Nationalparkatlas Hamburgisches Wattenmeer; S. 57).

Abb. 13: Rotdrossel

Im Vorland Neuwerks, ist dass Geschehen noch mehr durch die Rastvögel Geprägt. Hier sind ganze Möwenkolonien und zahlreiche Austernfischer zu beobachten. Besonders erwähnenswert ist hier der Brachvogel. Seine Körperlänge beträgt 50 bis 60 cm und er kann eine Spannweite von ca. 1 m erreichen. Seine größte Besonderheit ist allerdings der ca. 19 cm Schnabel. Der ist im Verhältnis zur Köpergröße gesehen, der Größte der einheimischen Säugetiere. Ebenfalls bemerkenswert ist, dass der Brachvogel seinem Brutplatz über Jahre hinweg treu bleibt und durch so gut wie keine Störung zu vertreiben ist.

Außer als Rast- und Nistplatz dient Neuwerk auch noch als Orientierungspunkt für zahlreiche Zugvögel. So konnten während der Zugvogelplanbeobachtungen im Jahr 1992, zwischen August und September, mehr als 200.000 durchziehende Vögel gezählt werde. Allerdings besteht die Fauna noch aus wesentlich mehr Tieren wie nur Vögeln. Vor allem die zahlreichen, wirbellosen Tiere sind hier in den zahlreichen Gehölzen, Teichen und an Wegrändern zu finden. Ein großer Teil dieser Tiere ist der Gattung der Insekten zu zuordnen. Auffällig sind eher jedoch andere Inselbewohn wie die Heuschrecken, die Libellen und ins besondere die vielen verschiedenen Schmetterlinge. In den Wiesen und ständen des Vorlandes, sind noch weitere Tierarten zu bestaunen, Die zumeist zu den Laufkäfern oder Spinnentieren gehören.

Da die Artenvielfalt in Neuwerk unermesslich scheint, sind hier auch einige wenige wilde Säugetiere anzutreffen. Der Feldhase und der Fasan, die beide in den 60ger Jahren vom Mensch eingeführt wurden, hier zwei prominente Beispiele. Auch die verschiedenen Mausarten, die es auf Neuwerk gibt, sind wohl von Menschen, wenn auch unabsichtlich eingeführt worden (Nationalparkatlas Hamburgisches Wattenmeer; S. 64).

5.2 Seehunde

Die Seehunde, leben auf Sandbänken, im Wattenmeer. Ihre Hauptnahrung sind Fische, die sie während der Flut jagen. Hierzu dienen ihnen ihre Tastborsten am Maul und an den Augen, durch welche sie auch in trüben, aufgewühlten Gewässern, die Orientierung nicht verlieren. Inder Zeit der Ebbe, legt sich der Seehund auf Sandbänke und tankt Sonnenenergie. Diese benötigt er um seinen Stoffwechsel in Gang zu halten. Seine Jungen bekommt der Seehund ebenfalls auf den Sandbänken. Sie werden alle 3 Std. gesäugt und können von Geburt an schwimmen. Nach 30 Tagen wiegen die Kleinen dann schließlich 25 kg und werden schnell selbstständig.

Abb. 14: Seehund in der Nordsee

5.2.1 Bedeutung der Seehunde für die Region

Nachdem die Seehunde in den letzten Jahrhunderten zunächst als Nahrungs- und Ölquelle dienten und reichlich gejagt wurden, wurden sie Anfang des 20. Jahrhunderts als Konkurrent zu den Fischern gesehen und sollten in der Nord- und Ostsee zunächst ausgerottet werden. Hierfür wurden teilweise sogar Kopfprämien gezahlt. Erst ab den 30ger Jahren, wurde die Jagd wieder eingestellt und erste Jagdbegrenzungen eingeführt. Allerdings nahmen die Bestände der Seehunde bis zu den 60ger Jahren weiter ab und so beschloss man ein komplettes Jagdverbot auf Robben und ihren Schutz. Seit dieser Zeit haben sich die Bestände wieder weitgehend erholt und die Seehunde vor Neuwerk sind zu einer wichtigen touristischen Attraktion geworden.

5.2.2 Die Lebensumstände der Seehunde

Die Seehunde im Wattenmeer leben mit den Gezeiten. Bei Flut sind sie auf Fischjagd und Nahrungssuche und bei Ebbe liegen Sie auf den Sandbänken um sich zu sonnen. Allerdings müssen sie in der Nordsee auch mit einigen Schwierigkeiten, wie die Lärmbelastung durch Touristen, der stetigen Überfischung der Gewässer, die ihnen die Nahrungssuche erschwert und der Verschmutzung der Nordsee zurecht kommen (Quelle: Nationalpark Wattenmeer).

5.3 Gefährdung der Tiere, Artenschutz

Viele Tiere in der Nordsee und auf Neuwerk sind Lebewesen, die sehr empfindlich auf Störungen in ihrer Umgebung reagieren. Vor allem der Mensch, der als Tourist, oder Landwirt die Tiere in ihrem Ruhe- und Brutphasen stört, auf die Jagd geht und die Umwelt verschmutzt ist für diese Tiere eine groß Bedrohung. Aus diesem Grund hat die Stadt Hamburg und die anderen an die Nordsee grenzenden Länder, in den letzten Jahren, zahlreiche Bestimmungen zum Schutz der Tiere beschlossen. Hierzu Zählt unter anderem die die Einrichtung des Nationalparks Hamburgisches Wattenmeer, sowie die Festlegung von Wegen, die der Mensch nicht verlassen darf (Nationalparkatlas Hamburgisches Wattenmeer; S. 64).

Literaturverzeichnis

AHNERT, F. 2009: Einführung in die Geographie. UTB-Verlag, Stuttgart.

FALKUS-SEELIG, A und RITZ, M. 1988: Das Watt im Raum Neuwerk/Kleiner Vogelsand. Die Vegetationseinheiten der Außendeichwiesen von Neuwerk. Institut für Geographie und Wirtschaftsgeographie, Hamburg.

FREY, E. 2002: Nordseeküste und Inseln: Von Borkum bis Sylt. Polyglott Verlag GmbH, München

HENDL, F. und LIEDTKE, H. 2002: Lehrbuch der allgemeinen physischen Geographie. Justus Parthers Verlag, Gotha.

KLIEN, H. 1966: Fremdwörterbuch. VEB Bibliographisches Institut, Leipzig.

KÜNNEMANN, Th.-D. 1997: Überleben zwischen Land und Meer: Salzwiesen. Isensee Verlag, Oldenburg.

LESER, H. 2005: Diercke: Wörterbuch Allgemeine Geographie. Deutscher Taschenbuch Verlag GmbH & Co. KG, München.

MAIER, D. 1994: Die Nordsee: Inseln, Küsten, Land und Leute. Herbig Verlagsbuchhandlung GmbH, München.

POTT, E. 1989: Vögel in Wald, Park und Garten. W. Keller und Co., Stuttgart.

SEIDEL, D und EISENREICH, W. 1977: Heimische Pflanzen. BLV, München.

STOCK, M et al. 2005: Salzwiesen an der Westküste von Schleswig-Holstein 1988-2001. Boyens Buchverland, Heide.

STRAHLER, A. 2005: Physische Geographie. UTB-Verlag, Stuttgart.

Umweltbehörde Hamburg. 2001: Nationalparkatlas Hamburgisches Wattenmeer. Heft 50. Freie Hansestadt Hamburg.

Internetquellen

Abright: http://www.abright.de/Africa/Photos/Vollbild/Duenen_004.jpg
(Stand: 13.6.09)

Creative eDesign: http://www.creative-edesign.com/nordseeinsel_pellworm/pellworm_
bilder/tiere/seehund_1.gif
(Stand: 14.6.09)

Cuxpedia. Mester, H.: http://www.cuxpedia.de/index.php/Neuwerk
(Stand: 01.06.2009)

Dahmsfamily: http://www.dahmsfamily.de/mediac/400_0/media/DIR_37262/2004-05-
21_168_Meer.jpg
(Stand: 13.6.09)

Digital Nature Photography: http://www.digital-nature-photography.com/nature/GR10/
GRRD061103-8722.jpg
(Stand: 14.06.09)

Epoch Times online: http://www.epochtimes.de/articles/2008/01/15/224424.html
(Stand: 04.06.2009)

Familienpension Griebel: http://www.husachterndiek.de/index_1.html
(Stand: 31.05.2009)

Farlex, Inc.: http://de.thefreedictionary.com/Nehrungen
(Stand: 13.06.2009)

FH-Hamburg: http://fhh1.hamburg.de/Behoerden/Umweltbehoerde/wattenmeer/
pdf/008-009.pdf
(Stand: 03.06.2009)

FSBio-Hannover: http://www.fsbio-hannover.de/oftheweek/115.htm
(Stand: 03.06.2009)

FU-Berlin: http://www.geo.fu-berlin.de/fb/e-learning/pg-net/themenbereiche/
geomorphologie/medien_geomorph/medien_geomorph_aeolisch/linearduene.gif
(Stand: 13.6.09)

Hamburg.de GmbH & Co. KG: http://www.hamburg.de/geotope/145094/neuwerk-start.
html
(Stand: 01.06.2009)

Haus der Natur: http://www.jordsand.de/neuwerk/index.htm
(Stand: 31.05.2009)

Lüder und Christian Griebel GbR: http://www.inselneuwerk.de/insel_neuwerk.htm
(Stand: 31.05.2009)

Media-Kunst: http://media.kunst-fuer-alle.de/img/37/g/37_2547~_thomas-becker-(fl-
online)_sandduene-mit-binsenquecke-(-agropyron-junceum-).jpg
(Stand: 14.6.09)

Nationalpark Wattenmeer: http://www.nationalpark-wattenmeer.niedersachsen.de/
master/C7091461_N5995673_L20_D0_I5912119.html
(Stand: 12.06.2009)

Naturreise: http://www.naturreise-fotos.de/i/fotos/arten/spoetter_laubsaenger_
goldhaehn/gelbspoetter1.jpg
(Stand: 14.6.09)

Naturschutzgesellschaft Schutzstation Wattenmeer e.V.: http://www.schutzstation-
wattenmeer.de/wissen/pflanzenimwatt.html
(Stand: 13.6.2009)

Nordlicht-Verlag. Höll, R.: http://www.nordsee-netz.de/165/elbe-weser/elbe-weser-
insel-neuwerk.html
(Stand: 01.06.2009)

Nordstrand: http://www.nordstrand.de/news-detailansicht.html?&tx_ttnews%5Btt_
news%5D=20&tx_ttnews%5BbackPid%5D=45&cHash=5dc9952104
(Stand: 04.06.2009)

Online-Archiv Leuchttürme: http://www.leuchttuerme.net/index.php?nav=1000167&lan
g=1&id=54&action=portrait
(Stand: 04.06.2009)

Panoramio: http://www.panoramio.com/photo/281697
(Stand: 13.6.09)

Pflanzenliebe: http://www.pflanzenliebe.de/innen/floragalerie_mittel/wiese/
flockenblume_wiesen_0605/wiesen_flockenblume6.jpg
(Stand: 14.6.09)

Schullandheim Meereswoge: http://www.schullandheim-meereswoge.de/geschichte-N.
html
(Stand: 31.05.2009)

Uni Oldenburg: http://www.staff.uni-oldenburg.de/ulrich.kattmann/32227.html
(Stand: 04.06.2009)

Uni Oldenburg: http://www.presse.uni-oldenburg.de/mit/2008/278.html
(Stand: 04.06.2009)

Uni Oldenburg: http://www.biodidaktik.uni-oldenburg.de/BioNew/Kattmann/Bilder/
Austernfischer_neu.jpg
(Stand: 14.6.09)

BEI GRIN MACHT SICH IHR WISSEN BEZAHLT

- Wir veröffentlichen Ihre Hausarbeit, Bachelor- und Masterarbeit

- Ihr eigenes eBook und Buch - weltweit in allen wichtigen Shops

- Verdienen Sie an jedem Verkauf

Jetzt bei www.GRIN.com hochladen und kostenlos publizieren